AF370824

Seront punis d'une amende de 16 francs, ceux qui auront contrevenu aux arrêtés des préfets concernant les oiseaux (Art. 12 de la loi du 3 mai 1844.)

ENTRETIENS

D'UN

INSTITUTEUR

SUR

L'UTILITÉ DES OISEAUX

PAR M. CH. VIEL, AVOCAT

QUATRIÈME ÉDITION

OUVRAGE APPROUVÉ

Par S. Em. Mgr le Cardinal DONNET, par S. Exc. M. le Ministre de
l'Intérieur, par S. Exc. M. le Ministre de l'Agriculture, du Commerce et des
Travaux publics, et par S. Exc. M. le Ministre de l'Instruction publique.

PARIS

BIBLIOTHÈQUES COMMUNALES

26, RUE DU PETIT-CARREAU, 26

1866

Paris. — Imprimerie de L. GUÉRIN,
26, rue du Petit-Carreau.

NOTE DE L'ÉDITEUR

—

Les Entretiens d'un instituteur, dont nous publions la troisième édition, ont été accueillis avec une faveur toute particulière par l'administration et par tous les organes de la presse, nous nous bornerons en conséquence à reproduire ci-après un extrait des témoignages les plus flatteurs que ce petit livre s'est conciliés.

MINISTÈRE DE L'AGRICULTURE, DU COMMERCE ET DES TRAVAUX PUBLICS.

LETTRE DE SON EXCELLENCE LE MINISTRE DE L'AGRICULTURE, DU COMMERCE ET DES TRAVAUX PUBLICS A M. VIEL.

(extrait)

Monsieur, je viens de recevoir le rapport que j'avais demandé sur la brochure que vous venez de publier sous le titre : *Entretiens d'un instituteur sur l'utilité des oiseaux.*

Il résulte des conclusions de ce document que *la propagation de votre ouvrage offrirait des avantages pour l'agriculture.*

Recevez, etc.

Le Ministre,
Signé : ARMAND BÉHIC.

BULLETIN OFFICIEL
DU MINISTRE DE L'INTÉRIEUR

1866. — N° 4.

BIBLIOTHÈQUES ADMINISTRATIVES.

(extrait)

Ce petit livre est écrit en vue de faciliter l'application des règlements sur *la police de la chasse* et de prévenir la destruction des oiseaux utiles à l'agriculture. Il a été honoré des encouragements de Son Excellence le ministre de l'Agriculture, du Commerce et des Travaux publics, qui a souscrit à 200 exemplaires (1).

Parmi les nombreux journaux qui ont recommandé ce travail, nous citerons :

(1) Il a depuis lors été également honoré des encouragements de Son Excellence M. le ministre de l'Intérieur, qui a souscrit à *mille* exemplaires des *Entretiens* pour MM. les Préfets.

De son côté, Son Excellence M. le ministre de l'Instruction publique a autorisé son admission pour les bibliothèques scolaires.

LA REVUE DES PROVINCES

(extrait)

Cet excellent petit livre est dédié, et c'est justice, à l'ami des oiseaux, à Mgr le Cardinal Donnet.

C'EST DANS CES PAGES QU'IL FAUDRAIT APPRENDRE A LIRE AUX ENFANTS DE NOS CAMPAGNES.

———

LE CONSTITUTIONNEL

(extrait)

Il est certain que *les Entretiens sur l'utilité des oiseaux seconderaient d'une manière bien efficace les efforts de l'administration* (en vue de la répression du braconnage), s'il parvenait entre les mains de nos instituteurs primaires et dans celles des curés de chaque commune.

———

L'ÉCHO DE L'AGRICULTURE

(extrait)

Nous croyons que ce petit livre élémentaire peut être fort utile s'il se répand, comme il est à désirer, dans les campagnes.

———

Enfin, voici comment ce petit livre est apprécié, au point de vue pratique, par un maire et par un instituteur :

1.

LETTRE DE M. LE MAIRE DE BLANGY
(CALVADOS)

(*extrait*)

» J'ai pris, dans la commune que j'administre, un arrêté qui
» défend la destruction des nids et des couvées, mais je suis
» persuadé que la propagation de votre ouvrage dans les
» écoles serait bien plus efficace pour arriver à la conserva-
» tion de ces utiles oiseaux que tous les arrêtés du monde,
» qui ne font qu'ajouter au plaisir aveugle de la destruction,
» l'attrait du fruit défendu.

» Ce livre, par la clarté de son style et les détails qu'il
» renferme, est on ne peut plus propre à intéresser les en-
» fants, qui y puiseront d'*utiles connaissances pratiques.*

» Je l'ai recommandé aux deux instituteurs de ma com-
» mune, et j'en attends de meilleurs résultats que de mon
» arrêté. »

LETTRE DE M. MENARD, INSTITUTEUR,
A ALLONNES (EURE-ET-LOIR).

(*extrait*)

« J'ai lu attentivement cet ouvrage dont la propagation peut
» et doit rendre un immense service dans nos campagnes, et
» je ne peux que vous féliciter sincèrement de la manière dont
» vous avez traité cet intéressant sujet.

» Il est à désirer que votre livre soit bientôt entre les mains
» de tous les instituteurs, et que les enfants des campagnes

» apprennent enfin à connaître, à aimer et à protéger les pe-
» tits oiseaux.

» Son introduction dans les bibliothèques communales et
» dans les distributions de prix devrait aussi produire de
» bons résultats.

» C'est vous dire, Monsieur, que je ferai tous mes efforts
» pour faire connaître votre ouvrage (les *Entretiens d'un ins-
» tituteur sur l'utilité des oiseaux*). »

A SON ÉMINENCE

MONSEIGNEUR

LE CARDINAL DONNET

SÉNATEUR

ARCHEVÊQUE DE BORDEAUX

J'ai l'honneur de solliciter la haute bienveillance de Votre Éminence en faveur de ce petit livre, qui vous devra son existence. C'est, en effet, après avoir lu le discours plein de cœur et d'élévation que vous avez prononcé au Sénat, le 3 février 1863, que j'ai senti combien il serait nécessaire de faire descendre jusque dans nos plus humbles hameaux, les vérités si utiles que vous avez exposées devant la première assemblée de l'Empire.

J'ai donc écrit ce livre sous l'influence de votre magnifique discours en faveur des « *chantres aériens.* »

Mon seul but a été de propager ce conseil si sage, qui a pris une valeur toute particulière en passant par votre bouche vénérable.

« *Que les pères et les instituteurs usent de leur autorité,*
» *les prêtres de leur influence, les gendarmes et les gardes*
» *champêtres de la terreur salutaire qu'ils inspirent, pour*

» protéger les nids des oiseaux au sein de nos promenades, de nos jardins et de toutes nos campagnes (1). »

Faible écho de votre grande parole, je serai heureux d'avoir contribué à la faire connaître, parce que, comme le bon grain, elle fructifiera partout où elle aura pénétré.

J'ai l'honneur d'être,

Monseigneur,

de Votre Éminence,

le très-humble et très-respectueux serviteur,

CHARLES VIEL,

Avocat à la Cour impériale de Paris.

Paris, le 12 décembre 1865.

----

(1) Passage du discours prononcé par Son Éminence le Cardinal Donnet, au Sénat.

ARCHEVÊCHÉ
de
BORDEAUX

Bordeaux, le 27 décembre 1865.

A Monsieur CH. VIEL, avocat à la Cour impériale
de Paris.

Monsieur,

Ma prédilection pour les petits oiseaux n'est pas chez moi une faiblesse, non plus qu'une fantaisie ou un caprice. Je les aime parce qu'ils sont aimables, et je les protége parce qu'ils sont utiles.

Votre livre, au besoin, m'en donnerait aujourd'hui raison, en faisant connaître les services providentiels que les oiseaux nous rendent.

Mais ils m'attachent à bien d'autres titres. Leurs ailes, rapides au butin contre les insectes nos ennemis, me rappellent les anges du ciel, ces aimables sentinelles qui volent à notre défense au milieu des périls de la vie.

Leur pose calme et naïve, ou leurs allures de va-et-vient de branche en branche, me semble une attachante image de la simplicité et de l'innocence des petits enfants que le divin maître m'a appris à caresser.

Leurs chants, enfin, m'arrachent aux rêveries trop sérieuses et font arriver à mon oreille une musique incomparable.

Évidemment, Dieu les a faits pour nous, et nous refuserions de leur payer un tribut de reconnaissance et d'amour !

L'apôtre de la charité, saint Jean, qui avait reposé sur le cœur du bon maître, se délassait en jouant avec une perdrix, saint François d'Assise, si austère dans sa vie, aimait les petits oiseaux ; il les appelait de sa voix la plus douce, et, quand ils étaient réunis, formant autour de lui un auditoire merveilleusement attentif, il les engageait à chanter les louanges de Dieu, puis les congédiait par de suaves paroles, dont ses amis les plus intimes se montraient presque jaloux.

Qu'on dise ensuite que la piété dessèche les âmes ; personne ne sait aimer comme ceux qui aiment Dieu de tout leur cœur.

Merci donc, Monsieur, de la dédicace que vous avez bien voulu me faire de votre ouvrage sur les petits oiseaux.

Je l'accueille avec plaisir et reconnaissance, et lui souhaite le succès qu'il mérite, autant pour votre satisfaction personnelle que pour le service rendu aux agriculteurs, dont les oiseaux sont les auxiliaires les plus intelligents et les plus constants.

Recevez, Monsieur, l'assurance de mes sentiments les plus distingués,

FERDINAND, cardinal DONNET,
archevêque de Bordeaux.

DISCOURS

DE

SON ÉMINENCE

LE CARDINAL DONNET

Extrait du Moniteur du 4 février 1863

Sénat. — Séance du 3 février.

Le principe de destruction contre lequel je réclame une répression plus sévère, ce sont les dénicheurs qui font, à toute espèce d'oiseaux, la guerre la plus inintelligente et la plus cruelle.

Comptez, s'il est possible, tous les œufs destinés à la propagation de nos chantres aériens, destructeurs de tant d'insectes dan-

gereux et de plantes parasites, dont les enfants de nos écoles empêchent l'éclosion.

D'après des calculs, qui ne peuvent être
qu'approximatifs, un naturaliste assure que,
en France, on en détruit plus de vingt millions; c'est par myriades qu'il faut compter
les insectes qu'auraient fait périr les vingt
millions d'infatigables échenilleurs qui seraient nés de ces œufs ravis en pure perte.

C'est aux premiers jours du printemps
que les petits maraudeurs de chacun de nos
bourgs ou de nos hameaux prennent leur
essor vers les bois, pénètrent dans les saus-
saies, courent le long des haies, à la décou-
verte des nids; ils fouillent dans les buissons, dans le creux des arbres, dans la fente
des rochers. Une couvée rencontrée par ces
Attilas imberbes est fatalement destinée à
périr; ils n'attendent même pas que les petits soient éclos; ils se disputent violemment
leur conquête, et la couvée sera, tout à la

fois, le prix et la victime de leur barbarie.

Que les pères et les instituteurs usent de leur autorité, les prêtres de leur influence, les gendarmes et les gardes-champêtres de la terreur salutaire qu'ils inspirent, pour protéger les nids d'oiseaux au sein de nos jardins et de toutes nos campagnes.

Pourquoi ne pas s'opposer aux déprédations de cette classe de chasseurs, comme on s'oppose aux ravages plus remarqués et souvent si déplorables des braconniers de profession. Ces derniers détruisent quelques individus, les premiers tarissent, à sa source, la race harmonieuse et bienfaisante des habitants de l'air.

Qu'on mette donc un frein à cet esprit d'extermination et de pillage, qui ne s'arrête devant rien, à ces instincts précoces de cruauté qui, en grandissant, deviennent plus funestes encore.

Ici, comme toujours, l'intérêt bien entendu se trouvera parfaitement d'accord avec les sentiments élevés du cœur.

Les tristes conséquences de ces destructions insensées et barbares qui ne savent pas respecter les sages vues de la Providence, démontrent, une fois de plus, cette vérité sur laquelle on ne saurait trop insister : c'est que *Dieu se sert souvent des folies ou des passions humaines pour punir les fautes des hommes.*

AVANT-PROPOS

Le jardinage est devenu un art, l'agriculture une science, et chacune de ces branches
des études a fourni des volumes en grand
nombre : je trouve très-bien que le jardinier
et l'agriculteur perfectionnent chaque jour
leurs procédés de culture ; mais je crois
qu'il est au moins aussi important qu'ils con-
naissent les amis et les ennemis des produits
de la terre, afin de protéger ceux-là et de
détruire ceux-ci. Les traités d'histoire naturelle contiennent bien de nombreuses no-
tions sur les habitudes et le régime alimentaire des oiseaux et des insectes, mais ces
savants traités ne sont lus que par des hom-

mes spéciaux, et leur prix même en interdit la possession aux habitants des campagnes.

J'ai pensé qu'un petit livre sur cette matière serait d'une utilité incontestable, à la condition que, par la simplicité et la clarté de ses explications, il fût à la portée de toutes les intelligences et que, par la modicité de son prix, il pût être acheté par toutes les bourses. J'ai donc résumé, dans ces quelques pages, tout ce que j'ai trouvé de plus instructif dans les ouvrages spéciaux ; j'ai, notamment, consulté les travaux de M. *Florent Prévost*, savant aussi modeste que bienveillant, attaché en qualité d'aide-naturaliste à notre Muséum d'histoire naturelle.

Je citerai également deux ouvrages allemands de MM. *Gloger* et *Schwerdtmann*, qui m'ont fourni des observations et des renseignements d'une utilité précieuse pour l'agriculteur et pour le jardinier. J'ai puisé dans les discours de Monseigneur le cardinal

Donnet et de M. le sénateur Bonjean, prononcés devant le Sénat, les meilleurs arguments en faveur des oiseaux utiles.

Mon travail terminé, je l'ai soumis à l'homme le plus compétent en cette matière, à M. Florent Prévost, qui m'a adressé une de ces lettres qu'on garde comme un souvenir précieux émané d'un charmant esprit et d'un cœur excellent. Je ne résiste pas au plaisir de transcrire, ici, le passage de cette lettre relative à mon livre; il en est la plus douce récompense et la meilleure recommandation.

« *Muséum d'histoire naturelle.*

« On m'a apporté de Paris votre manus
« crit; je l'ai lu avec attention et ne vois
« rien à changer; il me semble que *ce livre*
« *sera utile à la cause que nous défendons*
« *vous et moi.* »

2

Je n'ai eu en effet qu'un but, être de quelque utilité aux agriculteurs et aux jardiniers en défendant les oiseaux insectivores et quelques autres animaux utiles, et en signalant les désastres des insectes qu'ils détruisent.

Je destine ces leçons élémentaires aux enfants de nos campagnes, parce qu'ils sont les plus cruels ennemis des oiseaux et que leurs déprédations incalculables ne cesseront que du jour où ils en comprendront bien les regrettables effets.

J'ai eu à cœur aussi, je dois le dire, de seconder par cet opuscule les efforts si louables de l'administration qui, depuis plusieurs années, combat de toute son énergie les habitudes dévastatrices de certaines contrées de l'empire, dont les habitants pratiquaient, *comme industrie*, la destruction des oiseaux les plus utiles à l'agriculture

Aujourd'hui M. le Ministre de l'Intérieur a fait établir dans tous les départements une réglementation protectrice des oiseaux insectivores ; il ne s'agit donc plus que de vulgariser les vérités incontestables que la science a recueillies dans l'intérêt de l'humanité, et qui ont motivé les mesures prises par l'administration. J'ai essayé d'atteindre ce but dans un *Petit Commentaire de la loi sur la chasse*, je le poursuis également en cherchant à faire pénétrer les mêmes vérités dans l'esprit encore docile des enfants.

A l'appui des instructions si sages que M. le Ministre de l'intérieur a adressées à MM. les Préfets pour les inviter à prendre les mesures nécessaires pour protéger les oiseaux insectivores, Son Excellence a reproduit un travail préparé par les soins de MM. les professeurs du Muséum d'histoire naturelle. Le tableau qui se trouve ci-après désigne, parmi cette multitude d'oiseaux qui animent nos bois et nos campagnes, ceux dont les estomacs, vérifiés à toutes les époques de l'année, ont témoigné qu'ils étaient plus nuisibles qu'utiles.

Ce tableau, précieux résultats de milliers d'expériences, doit être le conseiller permanent de l'agriculteur et du chasseur ; il devra servir de sauf-conduit aux oiseaux qui ne s'y trouvent pas inscrits, car *tous*, en dehors de ce tableau, rendent d'immenses services à nos campagnes.

EXTRAIT

De la Circulaire de M. le Ministre de l'Intérieur,
en date du 28 août 1861.

« Le travail ci-après, dû aux soins de MM. les professeurs administrateurs du Muséum d'histoire naturelle, contient la désignation des espèces qui peuvent être considérées comme nuisibles. »

Catalogue des oiseaux nuisibles qui habitent dans les diverses régions de la France.

FAMILLES.	GENRES.	ESPÈCES.
1er ORDRE. — OISEAUX DE PROIE.		
DIURNES	Gypaète	Barbu.
	Faucon	Pèlerin.
		Hobereau.
		Émérillon.
		Cresserelle.
		Kobez.
		Concolore.
		Éléonore.
	Aigle	Fauve.
		Bonelli.
		Criard.
	Circaëte	Jean-le-blanc.
	Balbuzard	Fluviatile.
	Pygargue	Ordinaire.
	Autour	Vulgaire.
	Épervier	Vulgaire.
	Milan	Royal.
		Noir.
	Buse	Commune.
		Patue.
	Buzard	Des marais.
		Saint-Martin.
		Montagu.
NOCTURNES	Hibou	Grand-duc.

FAMILLES.	GENRES.	ESPÈCES.
2ᵉ ORDRE. — PASSEREAUX.		
Dentirostres..	Pie-grièche......	Grise.
Conirostres...	Bec croisé.......	Des pins.
	Corbeau.........	Noir.
	Corneille........	Noire.
		Mentelée.
4ᵉ ORDRE. — GALLINACÉS.		
Passeripèdes..	Colombe.........	Ramier.
		Colombin.
		Biset.
6ᵉ ORDRE. — PALMIPÈDES.		
Plongeurs.....	Grèbe..........	Huppé.
		Jou-gris.
	Plongeon........	Imbrim.
		Lumme.
		Cat-marin.
Longipennes...	Pétrel..........	Puffin.
	Goëland.........	A manteau noir.
		A manteau gris.
Totipalmes....	Cormoran.......	Ordinaire.
	Fou............	De Bassan.
Lamellirostres.	Harle..........	Vulgaire.
		Huppé.

Dieu laissa-t-il jamais ses enfants au besoin?
Aux petits des oiseaux il donne leur pâture,
Et sa bonté s'étend sur toute la nature.

(RACINE.)

I

Mes jeunes amis, je ne vous ferai pas ici
une histoire complète des oiseaux ; des savants ont écrit des volumes entiers sur les
habitudes de ces nombreux habitants de nos
bois et de nos jardins, je veux seulement
vous faire bien comprendre l'utilité de tous
ces petits êtres, si gracieux et si variés, qui
sont comme des fleurs animées. La jeunesse
est avide de fleurs et elle aime aussi à possé-
der des oiseaux. La joie que procurent les
fleurs est une joie innocente qui n'a rien de
blâmable ; il n'en n'est pas de même des
oiseaux. Avez-vous quelquefois assisté à l'en-
terrement d'un de vos petits camarades que
la mort trop hâtive a arraché à l'amour de ses

parents, de ses frères et de ses sœurs? N'avez-vous pas frémi en assistant au désespoir de ces pauvres parents, privés tout à coup de leur joie la plus pure? Et vos jeunes cœurs ne se glacent-ils pas à la seule pensée de voir mourir cruellement soit votre mère, qui vous a élevés avec tant de soin, soit votre père qui prodigue ses forces pour vous gagner le pain de chaque jour?

Eh bien! cette peine immense que la mort vient trop souvent apporter aux familles, vous la faites ressentir de sang-froid à de pauvres petits êtres innocents qui sont les amis de vos parents, car ils sont les meilleurs ouvriers des champs.

Que penseriez-vous d'un animal féroce qui visiterait les campagnes en arrachant de pauvres enfants de leurs berceaux et qui les ferait ensuite mourir de faim après leur avoir cassé leurs faibles membres; imaginez-vous la douleur de vos parents, en rentrant avec le pain du jour, tout joyeux de recevoir vos embrassements et d'entendre vos cris de joie, lorsqu'ils trouveraient le berceau renversé et qu'ils s'apercevraient qu'on leur a volé et tué leur enfant?..... Ou bien, encore, supposez que cet être malfaisant ait tué vos parents; vous voilà faibles, incapables de marcher, abandonnés aux angoisses de la faim et du froid.....

Eh bien, encore une fois, ces douleurs, vous les occasionnez, soit en prenant les petits oiseaux dans leurs nids, soit en tendant des piéges pour attraper les pères et les mères de ces pauvres petits, qui attendent eux aussi, avec anxiété, leur nourriture et les caresses de leurs parents.

Enfin vous ôtez à vos parents leurs meilleurs auxiliaires; car, si l'oiseau ne venait pas en aide aux cultivateurs, il n'y aurait bientôt plus ni pain, ni fruits, ni arbres.

Un sage, un ami des enfants, a dit avec une profonde sagacité :

« Cet âge est sans pitié. »

Oui, enfants ! votre âge est sans pitié, parce qu'il est sans expérience, et lorsque vous aurez compris le mal que vous faites en détruisant les nids et en attrapant des oiseaux, vous ne recommencerez pas ces cruelles dévastations.

Jeudi prochain, nous irons faire une promenade dans les bois et dans la campagne, et je vous expliquerai la vie si utile de ces oiseaux, dont vous ne connaissez encore que les chants et le joli plumage.

II

Le meilleur livre pour étudier l'histoire naturelle, c'est le livre éternel sorti de la main de Dieu pour nous prouver son immense bonté : c'est la nature tout entière.

Les leçons données à ciel ouvert au bord d'un clair ruisseau, au milieu des forêts, ne sortent jamais de notre mémoire, parce que le cœur en a pris sa part. C'est pourquoi, chers petits amis, j'ai voulu vous parler des oiseaux en leur rendant une visite dans cette vaste forêt où ils chantent si joyeusement.

Mais, avant de vous parler des oiseaux, il est nécessaire que vous connaissiez les ennemis terribles dont ils nous délivrent.

Il existe en France plusieurs milliers d'espèces d'insectes presque toutes douées d'une effrayante fécondité. Ces insectes vivent aux dépens de nos végétaux les plus précieux, ceux qui fournissent à l'homme sa nourriture et ses bois de construction et de chauffage.

Chaque espèce d'arbres a une quantité d'ennemis; tous les végétaux sont exposés aux atteintes des insectes.

La vigne résiste à peine en certaines localités aux ravages de la pyrale ou tordeuse (1).

Le blé et les autres céréales sont attaqués dans leurs racines par le ver blanc (larve du hanneton); sur pied, avant la floraison, par

---

(1) Linné a nommé *Tordeuses* une série de petits papillons de nuit dont les chenilles ont l'habitude de rouler en cornet les feuilles des arbres sur lesquelles elles vivent. Fabricius a changé ce nom en celui de *Pyrales*, sans doute parce que les papillons de nuit recherchent le feu et s'y brûlent. Ce qui conduit à penser que l'on pourrait à l'aide de grands feux de paille, allumés la nuit, détruire un grand nombre de ces papillons n⸗sibles.

la *cécidomyie* (1); plus tard, au moment où se forme le grain, par le charançon.

Le colza et les autres crucifères n'ont pas des ennemis moins nombreux. Plusieurs variétés d'*altises* (2) détruisent le plant à sa sortie de terre ; d'autres parasites attendent que la silique soit formée pour y élire domicile et se nourrir aux dépens de la graine.

Les racines de toutes les *légumineuses* sont mangées par les *courtillières* ou *taupes-grillons* et autres insectes fouilleurs, tandis que la larve de la *bruche* vit cachée dans les pois et les lentilles, dont elle ne nous laisse que l'enveloppe.

Ce que les insectes ont épargné est-il au moins assuré au laboureur?...

Non : une multitude de petits rongeurs, mulots, campagnols, rats et souris, après

---

(1) La cécydomyie est un petit papillon.
(2) Les altises sont de très-petits insectes noirâtres.

avoir vécu, aux champs, aux dépens de la récolte, pénètrent dans les granges et y prélèvent une dîme sur les gerbes déjà appauvries.

Qui pourrait calculer les pertes qui résultent pour l'agriculture de toutes ces causes réunies? Personne assurément, et ce n'est qu'approximativement qu'on a pu évaluer à environ *quatre millions de francs*, au plus bas, la valeur du blé que fit avorter, en une seule année, *dans l'un de nos départements de l'Est*, la seule larve cécidomyique. Des savants n'ont pas hésité à attribuer à cet insecte l'insuffisance des récoltes dont nous eûmes tant à souffrir durant les trois années qui précédèrent 1856.

Pour le colza, un professeur de l'ancien Institut de Versailles a constaté que les insectes avaient occasionné une perte de 2,700 fr. sur une récolte qui aurait dû produire 7,200 fr.

En Allemagne, la nonne (papillon de nuit) a fait périr des forêts entières.

Dans la Prusse orientale il a fallu abattre, il y a quelques années, dans les forêts de l'État, plus de *vingt-quatre millions de mètres cubes de sapins*, parce que les arbres périssaient sous les attaques des insectes.

Contre ces myriades d'insectes l'homme est frappé d'impuissance.

Son génie peut mesurer le cours des astres, percer les montagnes, faire marcher un navire contre la tempête; les monstres des forêts, il les tue ou les soumet à ses lois; mais devant les insectes innombrables qui, de tous les points de l'horizon, viennent s'abattre sur ses champs, cultivés avec tant de sueurs, sa force n'est que faiblesse.

Son œil n'est pas assez perçant pour apercevoir seulement la plupart d'entre eux ; sa main est trop lente pour les frapper.

Dans cette indestructible armée, qui marche à la conquête de nos moissons, de nos fruits et de toutes les productions de la terre, chacun a son mois, son jour, sa saison, son arbre, sa plante; chacun connaît son poste de combat, et nul ne s'y trompe jamais.

Dès le commencement des âges, l'homme eût succombé dans cette lutte inégale, si Dieu ne lui eût donné, dans *l'oiseau*, un auxiliaire puissant, un allié fidèle, qui s'acquitte à merveille de l'œuvre que lui, homme, ne saurait accomplir.

Voici notre excursion terminée et nous n'avons pu que tracer bien rapidement les dangers auxquels nos plantes et nos récoltes n'échapperaient pas, si la Providence n'avait pas mis sur la terre ces aimables gardiens des cultures et des bois, qui nous égayent par leurs chants, et qui épient du matin au soir les ennemis les plus redoutables de l'homme.

Aussi a-t-on pu dire avec raison : « *L'oiseau peut vivre sans l'homme ; mais l'homme ne peut pas vivre sans l'oiseau.* »

III

Dans notre précédente promenade, je vous ai fait comprendre que, sans le secours des oiseaux, le vigneron et le cultivateur ne récolteraient que la vermine; votre jeune expérience vous a déjà démontré combien il est rare de ne pas rencontrer ces affreux vers qui rongent intérieurement nos plus beaux fruits. Je ne saurais trop vous le répéter, sans les oiseaux, non-seulement nous manquerions des fruits que vous aimez tant, mais vos parents ne pourraient plus vous donner le pain et la nourriture de chaque jour, les insectes dévoreraient les herbes des pâturages et la viande manquerait bientôt; les blés seraient, comme les fruits, la proie de myriades de parasites ; enfin, le bois qui vous réchauffe l'hiver serait détruit dans ses racines et pendant sa croissance par une infinité de larves, de vers et de chenilles.

Nous causerons, aujourd'hui, des espèces d'oiseaux les plus communes dans nos campagnes.

Vous connaissez tous le *moineau*, que vous chassez si impitoyablement, et vos parents, qui devraient vous punir sévèrement lorsqu'ils vous voient tourmenter et faire mourir cette pauvre petite bête, vous laissent faire, en pensant peut-être qu'il n'y a pas grand mal à faire périr un pillard effronté. Eh bien ! nous allons voir que ce petit oiseau, à la différence de beaucoup de gens, vaut mieux que sa réputation.

On raconte, en effet, que sa tête ayant été mise à prix en Hongrie et dans le pays de Bade, cet intelligent proscrit avait abandonné ces deux pays ; mais bientôt on reconnut que lui seul pouvait soutenir la guerre contre les hannetons et les mille insectes ailés des basses terres, et ceux-là même qui avaient établi des primes pour le détruire, durent en établir de plus fortes pour en opérer le rapatriement. Ce fut double dépense, châtiment ordinaire des mesures précipitées.

Le grand Frédéric avait aussi déclaré la guerre aux moineaux, qui ne respectaient pas son fruit favori, la cerise; naturellement, les moineaux ne songèrent pas à résister au vainqueur de l'Autriche, ils disparurent; mais au bout de deux ans, non-seulement il n'y eut plus de cerises, mais encore il n'y eut presque plus d'autres fruits; les chenilles les mangeaient tous, et, le grand roi, vainqueur sur tant de champs de bataille, s'estima heureux de signer la paix, au prix de quelques cerises, avec les moineaux réconciliés.

Un savant naturaliste (M. de Tschudi), a compté qu'un couple de moineaux emploie, chaque semaine, environ 3,000 insectes, larves, sauterelles, chenilles et vers, pour la nourriture de sa couvée, chacun des parents apportant aux petits la becquée, au moins vingt fois par heure. A mesure que l'on diminue le nombre des moineaux, celui des chenilles doit donc considérablement augmenter.

M. Florent Prévost rapporte qu'à l'entour d'un seul nid de moineaux placé sur une terrasse de la rue Vivienne, à Paris, on trouva les débris de 700 hannetons dont ils avaient nourri leurs petits.

Il est vrai que le moineau nous fait payer ses services en se nourrissant, non-seulement d'insectes, mais de graines et de fruits; mais pour préserver les cerises, les prunes et les graines de leurs attaques, il est un moyen infaillible; il suffit de suspendre, aux branches des arbres qu'on veut protéger, de longs fils de laine ou de coton assez gros et de couleur voyante. Sur les couches ensemencées, on les fixe avec des petits bâtons fichés en terre, de distance en distance, à trois pieds l'un de l'autre. Sur les espaliers, on les enroule au sommet des rameaux.

Les moineaux, qui ne craignent pas les mannequins et les autres engins employés ordinairement pour les effaroucher, ne s'approcheront pas des arbres où ils croiront apercevoir un piége fait avec des ficelles de couleur.

Vous pourriez vérifier, en petit, l'efficacité des ficelles pour effaroucher le moineau. Jetez du pain auquel vous attachez une ficelle rouge ou d'autre couleur voyante, le moineau s'en approchera peut-être, mais après avoir vu la ficelle, il ne manquera pas de s'éloigner sans toucher au pain. Son œil fin et sa perspicacité particulière lui font au contraire regarder le mannequin et le vieux chapeau comme des objets inoffensifs, et il est arrivé qu'un couple de moineaux, se moquant des précautions d'un jardinier, fit son nid dans la manche même d'un mannequin et y éleva bien chaudement sa petite famille. Ils se trouvaient ainsi doublement protégés et contre les atteintes des gros oiseaux, auxquels le mannequin faisait peur, et contre le propriétaire, pour lequel le nid était certainement improbable.

Mais si les *moineaux* nous font payer leurs services, voici d'autres oiseaux qui nous en rendent à titre gratuit.

Ce sont d'abord plusieurs oiseaux de proie nocturnes, parmi lesquels il faut placer d'abord les *chouettes*, les *effraies*, les *chats-huants* que l'ignorance poursuit sottement comme animaux de mauvais augure.

L'agriculteur devrait les protéger au lieu de les tuer, car, mieux que les meilleurs chats, ces oiseaux font une guerre acharnée aux rats et aux souris, si funestes aux récoltes engrangées ; ils détruisent aussi, dans les champs, d'innombrables quantités de campagnols, de mulots, de loirs et de lérots.

D'après les observations d'un naturaliste anglais, un couple d'*effraies* détruit, chaque jour, au moins cent cinquante petits rongeurs ; quel est le chat qui pourrait donner un tel résultat ?...

Ces oiseaux sont, en outre, les seuls qui peuvent faire la chasse aux papillons de nuit et aux insectes crépusculaires, dont plusieurs sont très-nuisibles aux forêts.

Les *vautours* méritent également la protection de l'agriculteur, parce qu'ils ne vivent que de chair morte et qu'ils font ainsi disparaître les charognes dont les émanations empestent l'air environnant.

Ce ne sont, du reste, pas les chasseurs seulement qui détruisent les espèces d'oiseaux nocturnes utiles; la plupart des agriculteurs contribuent aveuglément à leur disparition en abattant tous les arbres qui, autrefois, ornaient la lisière des champs. Ces arbres offraient un refuge et un observatoire aux oiseaux nocturnes, ces destructeurs infatigables des souris des champs.

Aujourd'hui, ces oiseaux désertent nos campagnes pour chercher ailleurs un refuge.

Au lieu de dénicher les chouettes, les effraies et les chats-huants, on devrait leur restituer leurs arbres favoris au bord des champs; on se créerait, de cette manière, une foule de gardes-champêtres de nuit qui dévoreraient des millions de souris granivores, ces malfaiteurs qu'on a tant d'intérêt à voir disparaître des cultures !

La *corneille-freux* et le *choucas*, également utiles, nichent, de préférence, dans les tours et dans les ruines; ces deux espèces préservent donc plus spécialement les jardins et les potagers. On peut le vérifier à l'époque où ces animaux nourrissent leurs petits : on trouve dans l'intérieur des tours, au-dessous des nids des choucas et des corneilles, des couches épaisses d'ailes et d'élytres de hannetons.

La *corneille-freux* (celle qui a un plumage d'un lustre éclatant, où brillent les couleurs du cuivre, de la violette et de l'acier) est surtout précieuse pour la manière particulière dont elle tire de terre toutes sortes de vermines, mais préférablement les larves de hannetons.

Le *rollier*, qu'on appelle aussi la *corneille bleue*, se nourrit uniquement de grands insectes et surtout de sauterelles ; c'est encore là un oiseau très-utile ; il niche dans le creux des arbres.

La *huppe* dévore une grande quantité de taupes-grillons ou courtillières, qui sont extrêmement malfaisantes.

Le *coucou* a cette qualité particulière qu'il est seul apte à manger des chenilles poilues que les autres oiseaux insectivores ne sauraient avaler. Le coucou les préfère aux chenilles lisses, et sous ce rapport, son utilité spéciale est très-précieuse.

En étudiant la nature avec assiduité, on est émerveillé de voir avec quel soin elle a opposé partout aux insectes des exterminateurs spéciaux qui, en les combattant continuellement, se partagent admirablement une besogne aussi complexe.

Ainsi, il y a des espèces d'oiseaux qui poursuivent les insectes, leurs larves et les vers, en courant et en sautillant à terre ; tels sont : les *hoche-queues* et les *pipits, farlouses* ou *pieuquettes* (qui sont un genre intermédiaire entre les *alouettes* et les *hoche-queues*). Les *traquets* ou *motteux* en agissent de même, ainsi que les *culs-blancs* et les *tariers*. Les *grives*, les *rossignols*, le *rouge-gorge*, la *gorge-bleue* opèrent dans les broussailles et dans les forêts. D'autres, au contraire, comme les *fauvettes* et la plupart des *rousserottes* ne descendent guère à terre ; mais elles poursuivent les insectes en frétillant dans les buissons, dans les roseaux et dans le gazon à haute tige. Quelques-unes de ces espèces visitent aussi le blé, le colza et les légumes voisines des haies et des bocages.

Vous avez aussi remarqué ce tout petit oiseau, ce *roitelet* si gracieux ; avec quelle activité incessante ne visite-t-il pas le sol entre les arbres, les broussailles basses et les haies d'épines ; cet oiseau ainsi que le *troglodyte,* qui est de la même famille, portent en moyenne à leurs petits trente-six fois par heure leur nourriture, consistant en larves, œufs et insectes.

Selon M. Toussenel, on a calculé qu'un couple de troglodytes apportait à sa famille cent cinquante-six mille chenilles dans une seule journée.

Les *rouges-queues* s'occupent de la même manière.

Les *pouillots* également vont rechercher leur nourriture en voletant et en sautillant. Les *gobe-mouches* chassent leur proie en voletant continuellement. L'*hirondelle*, bien que toujours en route et faisant une guerre acharnée aux insectes qui volent, n'épargne pas ceux qu'elle aperçoit reposant sur les édifices, sur les buissons, sur les arbres, ou qui sont perchés sur le blé, sur le colza ou sur les herbages et les fleurs.

Les *vraies hirondelles* font leur chasse en plein jour ; les grands *martinets*, ou *hirondelles* des murailles, la continuent encore dans le crépuscule ; l'*engoulevent* ou l'*hirondelle* de nuit (*tête-chèvre* ou *crapaud-volant*), opère depuis la brune jusqu'à très-tard et souvent même toute la nuit. Ces diverses espèces d'hirondelles exterminent ainsi une grande quantité d'insectes de toutes sortes.

Les *roitelets huppés* quêtent surtout les œufs de papillon, en s'attachant au bout des petits rameaux, en voletant entre les touffes pendantes des feuilles aciculaires. Car ils choisissent de préférence, pendant l'été, pour leur demeure, les bois et les touffes d'arbres résineux et surtout ceux des sapins.

Les *pigeons* sauvages et les *pigeons* domestiques sont du nombre des oiseaux dont l'utilité a jusqu'à présent été généralement méconnue, même par beaucoup d'agriculteurs. Ces animaux sont cependant d'une grande utilité, parce que pendant presque toute l'année, ils se nourrissent de semences, de mauvaises herbes. Les pigeons détruisent, en outre, les semences de diverses espèces de plantes vénéneuses, sans cependant en être incommodés et sans communiquer à leur chair aucun caractère fâcheux lorsqu'elle sert de nourriture à l'homme.

Toutefois, à l'époque des semailles la *palombe* et le *pigeon ramier* causent de grands dommages aux récoltes; aussi en permet-on généralement la destruction au moins pendant une partie de l'année.

La *pie*, pendant toute l'année, se nourrit essentiellement de petits mammifères rongeurs, d'insectes, de quelques fruits et de graines; mais à l'époque de la reproduction, cet oiseau devient nuisible, parce qu'il ajoute à sa nourriture des œufs et des jeunes oiseaux pris dans les nids.

Le *geai* procède exactement de même que la pie, mais dans l'intérieur des bois, en se nourrissant des insectes qui nuisent aux arbres et de fruits rouges inutiles à l'homme. De même que la pie, le geai nuit à la reproduction des oiseaux insectivores pendant les mois de mai, de juin et de juillet.

L'*alouette* est utile, une bonne partie de l'année, en détruisant une quantité d'insectes et de graines de plantes parasites; cependant cet oiseau devient nuisible aux cultures à l'époque des semis, c'est-à-dire en octobre, novembre et mars, en mangeant les grains nouvellement ensemencés.

La *perdrix*, elle aussi, mérite la protection de l'agriculteur, car elle détruit autant d'insectes, de vers, de limaces et même de petits limaçons que de semences de mauvaises herbes.

La *caille* se nourrit à peu près comme la perdrix, et il est regrettable qu'on en tue des quantités innombrables lorsqu'elles viennent s'abattre sur les côtes de la Méditerranée.

Une espèce de caille, dite le *roi des cailles* ou *râle de blé*, est également bien précieux, car il ne se nourrit que d'insectes, de limaces, de vers, surtout de vers de terre.

Les *vanneaux*, les *pluviers*, les *courlis* et la plupart des oiseaux qui appartiennent à la grande famille des *bécasses*, ont à peu près le même régime. Ils sont au nombre des oiseaux qui se rendent fort utiles sans faire payer leurs services.

Je vous ai parlé, lors de notre dernière promenade, d'un savant qui a employé sa vie à étudier les oiseaux, surtout au point de vue de leur régime alimentaire; en voyant ces rapides hirondelles qui font leurs milliers de zigzags sur les blés et sur les terres couvertes de nos plantes les plus précieuses, je me rappelle ce que M. Florent Prévost me raconta des précieux services rendus à nos campagnes par cette sorte d'oiseau. Vous allez en juger par une opération d'arithmétique que vos jeunes intelligences pourront facilement comprendre.

On tua dix martinets (1) à la fin de la

---

(1) Ce sont des espèces de grosses hirondelles.

journée, au moment où ils rentraient au nid donner le dernier repas à leur avide couvée; on ouvrit leurs estomacs et l'on trouva que les insectes absorbés par ces dix oiseaux ne montaient pas à moins de *cinq mille quatre cent trente-deux,* ce qui donne, pour chaque jour et pour chaque oiseau, une moyenne de cinq cent quarante-trois insectes détruits. Lorsque vous saurez ce qu'un seul de ces insectes cause de mal, vous apprécierez toute l'utilité des oiseaux qui les dévorent.

Le *charançon* du blé produit 70 à 90 œufs, qui, déposés dans autant de grains de blé, s'y développent en larves qui en dévorent le contenu. *C'est donc 70 à 90 grains de perdus par le fait d'un seul charançon.*

La pyrale (un joli petit papillon) pond cent à cent trente œufs, déposés dans autant de bourgeons de grappes de raisin. Ainsi atta-qué, le bourgeon se flétrit et tombe. Voilà donc *cent à cent trente grappes de raisin qu'une seule pyrale détruit en leur germe.*

Rapprochons les deux ordres de chiffres que je viens de citer et admettons que, sur les 500 insectes détruits en un jour par un seul oiseau, il y ait un dixième seulement de ces insectes malfaisants : par exemple, 40 charançons et 10 pyrales (et ces chiffres sont bien au-dessous de la vérité), nous trouvons que ce petit oiseau nous a sauvé 3,200 *grains de blé,* et 1,150 *grappes de raisin en un seul jour.*

Supposons que le temps de la ponte de ces insectes dure en moyenne quinze jours seulement, *c'est alors 48,000 grains de blé et 17,250 grappes de raisin que ce même martinet nous aura sauvés !* Cette pauvre hirondelle, qui rentre à son nid, n'a-t-elle pas mieux mérité de l'humanité que dix chasseurs revenant la gibecière pleine ?

Si vous songez maintenant que tous les petits oiseaux, qui se nourrissent d'insectes, nous rendent des services semblables, vous cesserez d'être cruels à leur égard, ne serait-ce que par égoïsme, car, je vous le répète, *sans les oiseaux vous risqueriez de mourir de faim et de froid.*

Vos parents eux-mêmes détruisent quelquefois, par ignorance, les meilleures auxiliaires de l'agriculture. En voici un exemple : Un cultivateur, en visitant ses champs par une matinée très-chaude, vit une multitude de pinsons, de rouges-gorges, de tarins, de linots, et de toutes sortes d'autres petits oiseaux qui voletaient en s'approchant à chaque moment des épis en pleine floraison; le brave homme s'imagina avoir affaire à une armée de voleurs; vite il va prendre son fusil et tue le plus qu'il peut et chasse toute la bande d'oiseaux, qui se réfugia vers un champ voisin. Chaque jour il répéta sa chasse jusqu'à ce que les oiseaux eussent compris qu'ils étaient en péril dans ce coin de terre et s'en fussent éloignés.

Le voisin, au contraire, qui connaissait les qualités des intelligents insectivores, leur fut hospitalier, et la foule des oiseaux abonda dans son champ. Le résultat fut que le premier perdit une bonne partie de sa récolte, qui se trouva dévorée par les insectes et que le second recueillit du blé entièrement épuré de la vermine qui avait servi de pâture à tous ces petits chasseurs d'insectes.

V

Après ce que je vous ai expliqué dans notre troisième promenade, il me semble superflu d'insister encore sur l'utilité des oiseaux insectivores. Vous laisserez leurs nids tranquilles, je l'espère, et vous ne les torturerez plus avec ces affreux piéges qui brisent leurs membres si délicats, et les condamnent à souffrir, pendant de longues heures, la plus douloureuse agonie. Nous examinerons aujourd'hui les habitudes particulières de quelques-uns des oiseaux qui vous sont le plus familiers.

Vous connaissez tous la *mésange*, si alerte, si gracieuse; vous l'avez sans doute remarquée, courant avec rapidité de branche en branche, inspectant chaque recoin, chaque feuille, et becquetant çà et là. Cette charmante petite bête est alors occupée du travail le plus utile, car elle recherche avec avidité ces amas d'œufs de papillon, qui, sans elle, deviendraient des chenilles; elle en détruit des milliers pour alimenter ses petits (1).

On lui reproche à tort de becqueter les bourgeons dans les vergers, car elle ne fait que rechercher les petites larves qui dévoreraient les bourgeons sans son secours.

Le *grimpereau* procède à peu près comme la mésange, seulement il attaque de préférence les œufs de papillon qui se trouvent déposés dans les fentes et crevasses des

---

(1) M. Koltz, savant naturaliste, a calculé qu'une mésange détruit trois cent mille œufs d'insectes par an. M. de Tschudi rapporte qu'en quelques heures une mésange nonnette nettoya deux mille pucerons qui infestaient un rosier.

troncs rudes et des grosses branches des grands arbres.

Les *grives* travaillent surtout dans le feuillage tombé, elles retournent les feuilles pour y découvrir les œufs ou les petits insectes, et elles détruisent ainsi une quantité d'œufs de limaçon.

Elles recherchent également avec avidité les petits vers nuisibles qui sont au pied de la vigne ; elles procèdent alors comme les poules, en remuant la terre avec leurs pattes. On reproche donc à tort à ces utiles oiseaux les excès qu'ils commettraient dans les vignes ; ils grappillent peut-être quelques grains pour leur dessert, mais ils rendent au centuple ce qu'ils ont dérobé en détruisant ces vers qui tuent des vignobles entiers. On peut appliquer à cette espèce d'oiseau cette formule économique : donnons un œuf pour avoir un bœuf.

Les *merles* sont de la même famille que

les grives. Ils ont le même chant et la même nourriture. Il est vrai que les merles mangent quelques cerises à défaut d'insectes, mais les insectes qu'ils ont détruits n'auraient pas permis aux cerises de venir à maturité : c'est donc justice que de laisser au merle une bien petite part des fruits qu'il nous a conservés.

Le *pic* est ce joli petit oiseau aux couleurs vertes, que vous voyez presque toujours occupé à piquer l'écorce des arbres ; — il est en ce moment à la chasse des larves destructrices, et, comme le dit M. Toussenel, cet oiseau est le plus grand conservateur des forêts.

L'*étourneau* va chercher les limaces et les chenilles des racines qui, pendant le jour, se réfugient sous les herbes et sous les feuilles, parce qu'elles craignent la chaleur du soleil.

Il purge les champs d'une quantité innombrable de sauterelles.

On le voit suivre des troupeaux de moutons et de vaches et se poser hardiment sur le dos de ces animaux dont il mange la vermine qui les tourmente.

A la fin de l'été les étourneaux se réunissent en grandes troupes et travaillent dans les prés et les champs, en détruisant une foule de larves de hannetons et autres destructeurs des racines.

Le *sansonnet* rend des services analogues à ceux de l'étourneau.

Vos parents pourraient attirer cette utile espèce d'oiseau, au printemps, en suspendant aux branches des arbres des caisses faites avec des morceaux de planche ou avec des grands nœuds d'arbres creusés naturellement ou de main d'homme.

Nos champs seraient envahis par les chardons si le *Chardonneret* ne mettait pas toute son activité à en dévorer les graines avant qu'elles ne se détachent.

Enfin, soyez bien persuadés, mes jeunes amis, que la Providence a opposé partout aux insectes des exterminateurs spéciaux qui se partagent la besogne selon leurs aptitudes particulières, et que la plus parfaite harmonie existerait si la main de l'homme ne venait en troubler les lois divines. Épargnez donc les oiseaux utiles, défendez-les au besoin contre vos camarades ignorants ou cruels ; nos récoltes seront plus abondantes. vos parents et vous-mêmes, par conséquent, vous serez beaucoup plus heureux.

La Providence semble, du reste, protéger les pauvres oiseaux contre les méchants qui les dénichent et leur tendent des piéges, et l'on compterait par centaines les bras et les jambes que des petits maraudeurs ont perdus dans cette guerre injuste qu'ils font aux oiseaux. Dernièrement, encore, on a vu un exemple bien frappant de la punition qui atteint tôt ou tard les méchants.

C'était dans la forêt de *Notre-Dame*, près de Douai ; un jeune garçon qui, au lieu de travailler, passait son temps à tendre des piéges dans les arbres, a été trouvé pendu par les pieds à l'écorce d'un vieux chêne, dans lequel, pour mieux grimper, il avait fixé trop profondément les *grimpettes* dont ses souliers étaient armés. Il était mort quand on le décrocha, et l'on suppose qu'en voulant dégager ses pieds il aura perdu l'é-quilibre.

Ne dirait-on pas que *Notre-Dame* de Douai a voulu punir ce tueur d'oiseaux en lui infligeant les mêmes angoisses qu'il pro-diguait à de pauvres petits êtres utiles et inoffensifs ! (Ce fait est relaté dans le *Moniteur universel* du 13 juin 1855.)

Voici un autre exemple de cette punition qui atteint presque toujours les mauvaises actions : Dans une commune de l'Isère, appelée Miribel-Lanchâtre, un enfant de douze ans, le jeune Auguste Durand, voulant prendre un nid au fond d'un tronc d'arbre, sentit se casser la branche sur laquelle il était hissé et se trouva tout à coup suspendu par la main qui se trouvait enserrée dans ce tronc d'arbre. Ne pouvant la dégager et personne n'étant à portée de l'entendre, ce petit malheureux a eu le courage de prendre une serpette dans sa poche, avec la main restée libre, et il s'est coupé le poignet pour ne pas mourir lentement comme ces pauvres oiseaux pris dans ses piéges. Tombé au pied de l'arbre, le petit Durand a eu la force de se diriger vers la maison de son père et de là on le transporta à l'hospice de Grenoble, où les soins nécessaires lui furent prodigués. Il a juré, mais trop tard, qu'il ne dénicherait plus d'oiseaux. (Voir le *Moniteur* du 22 juillet 1865.)

VI

Après vous avoir fait connaître l'utilité des oiseaux, nous continuerons nos entretiens en examinant rapidement les services que nous rendent quelques mammifères et quelques insectes :

La *chauve-souris* quitte sa demeure au moment où les oiseaux insectivores se reposent des travaux de la journée ; elle poursuit avec acharnement une quantité d'insectes qui, eux aussi, se réveillent au coucher du soleil et échappent ainsi à la poursuite des oiseaux de jour.

Elle détruit surtout les papillons qui engendrent les chenilles du chêne, et sa voracité est telle qu'elle mange une douzaine de hannetons de suite sans être pour cela rassasiée. On a constaté que le hanneton pond de 80 à 100 œufs, bientôt transformés en autant de vers blancs qui, pendant une ou deux années, vivent exclusivement aux dépens des racines de nos végétaux les plus précieux. On peut dès lors comprendre de quelle importance sont les services que rend la chauve-souris. Ce pauvre petit animal, si poursuivi par les enfants des campagnes, sauve plus d'arbres et de plantes que le meilleur conservateur des forêts ne saurait le faire, car il appartient aux rares espèces qui, seules, peuvent atteindre les innombrables ennemis de nos végétaux que la nuit dérobe aux regards de la plupart des oiseaux insectivores.

On peut se faire une idée de ce que les chauves-souris absorbent de vermine et d'insectes d'après ce fait, relaté dans le *Moniteur* du 13 juin 1865 : On vient de découvrir à 16 kilomètres de Vesoul, dans une grotte, un dépôt de *guano* de chauves-souris ; cette retraite obscure a servi si longtemps de refuge à ces animaux qu'on évalue leurs détritus à plus de 800 mètres cubes. Le *guano* est l'excrément des oiseaux. La quantité énorme dont il s'agit ici représente des milliards d'insectes qui ont été détruits par les générations de chauves-souris qui ont vécu dans cette grotte depuis des siècles.

La *chauve-souris* se loge dans le creux des vieux arbres, et l'on ferait une chose utile en conservant çà et là, dans les forêts, les vieux chênes dépérissant ; ils protégent indirectement les jeunes arbres en donnant asile aux chauves-souris. Ce conseil est appuyé par les constatations relevées par M. de la Blanchère, ancien garde général des forêts.

La *musaraigne* ressemble à la souris. Cependant on la distingue facilement de cette dernière aux signes suivants :

Elle a la tête plus longue, plus pointue que la tête de la souris, et son museau se termine comme une petite trompe.

Ce petit animal, qu'on tue en quantité lors de la fenaison et de la coupe des céréales, a cependant contribué d'une manière bien précieuse à l'abondance des récoltes qui sont la richesse de l'agriculteur et la ressource du pays.

Pour comprendre l'utilité de la *musaraigne*, il suffit de l'enfermer en lui donnant une quantité d'insectes, de larves et de vers. On constate ensuite que cette bête consomme, chaque jour, une quantité de nourriture équivalente à deux fois le poids de son corps. Cette expérience donne la mesure de la masse énorme d'insectes et de vers que détruit, dans le cours d'une année, une seule *musaraigne*.

Cette masse équivaudra à sept cents fois le poids même de ce gardien des champs.

La *taupe*, comme la *musaraigne*, purge les terres d'une quantité de larves de hannetons et de vers de toutes sortes. En captivité, une *taupe* absorbe une quantité de nourriture équivalente à deux et trois fois le poids de son corps. Cette voracité s'explique par la petite quantité de matière nutritive renfermée dans chaque ver blanc. Ces vers et ces larves se gorgent d'aliments végétaux tendres et presque aqueux, et ils absorbent en même temps une certaine quantité de terre. Aussi, avant de les avaler, la *taupe* a soin de faire sortir par la pression les matières inutiles à sa nutrition.

Essayons de calculer approximativement ce que détruit *une seule taupe*. L'expérience permet d'affirmer que la quantité de vers et d'insectes qu'elle absorbe en une année représente au moins mille fois le poids de son corps ; c'est donc par milliards qu'il faudrait compter les vers et les insectes qu'elle détruit. Et si, maintenant, on tient compte des dégâts causés par ces innombrables larves et vers blancs qui tuent toutes les racines qu'elles entament, on peut hardiment soutenir que, sans le secours des *taupes* et des *musaraignes*, nos terres seraient souvent à peu près dévastées.

L'utilité des taupes a été constatée en Allemagne par le fait suivant, relaté par M. Koltz : Il y a une dizaine d'années, chaque commune d'une contrée de l'Allemagne avait un taupier, c'est-à-dire un paresseux nuisible qui détruisait les taupes. Il en résulta que les prairies furent infestées de vers blancs. On s'aperçut alors de l'erreur qu'on avait commise, et, au lieu de donner de l'argent aux taupiers, on leur interdit leur dangereux métier.

Les agriculteurs anglais, plus éclairés que les nôtres, loin de détruire les taupes, les considèrent comme leurs meilleurs auxiliaires, non-seulement comme insectivores, mais comme préparateurs des terres. En effet, les taupes, dans leur travail souterrain, arrivent à broyer très-finement les terres, qui deviennent ensuite très-précieuses pour l'apprêt supérieur ou revêtement de la surface du sol.

Dans nos campagnes, on a encore cette idée fausse que la *taupe* mange aussi les racines des plantes, tandis que les naturalistes démontrent, par la conformation même des dents et par l'organisation de l'estomac de cet animal, qu'il ne peut pas se nourrir de végétaux. On peut, d'ailleurs, facilement le vérifier en enfermant une taupe dans une cage pourvue de végétaux, de vers blancs et de larves. Elle aura bientôt absorbé les derniers, en laissant les végétaux intacts.

La *taupe* est, en outre, un des adversaires

les plus redoutables de toutes les souris et des jeunes rats.

Ainsi, elle dévore tous ceux qu'elle peut attraper, soit qu'ils viennent se réfugier accidentellement dans ses conduits, soit qu'elle rencontre, en fouillant, leurs creux et leurs nids. Cette hostilité est, du reste, en rapport avec la conformation de sa denture.

La *taupe* rend encore indirectement de grands services à l'agriculture au moyen de ces petits conduits souterrains qui servent de refuges à beaucoup d'animaux utiles, tels que les *musaraignes* et les bourdons terrestres.

Dans un article bien remarquable publié pour défendre les taupes, dans le *Moniteur* du 31 août 1862, un membre de la Société impériale et centrale d'horticulture fait remarquer avec raison que pour les prairies, tous ces petits monticules soulevés par les taupes sont un vrai labour qui ramène les terres du fond à la surface, où elles viennent s'imprégner de toutes les substances gazeuses ou solides que l'air et la pluie tiennent en suspension et qu'elles abandonnent ensuite au grand profit de la végétation.

J'ai été heureux en outre de trouver, dans cet article, d'un homme évidemment supérieur, la confirmation de ce qui est dit plus haut, en ce qui concerne les services que rendent ces pauvres taupes aux agriculteurs si ingrats à leur égard. Je ne terminerai pas sans faire encore un emprunt à cet excellent article ; voici le passage sur lequel il importe d'appeler l'attention des jardiniers :

« Le préfet de la Seine — écrit le rédacteur de l'article — me disait aujourd'hui même qu'on avait dû retourner récemment une grande pièce de gazon au bois de Boulogne, les vers blancs ayant fait mourir

5.

toute l'herbe dont ils avaient mangé la racine. Et, qu'on veuille bien le remarquer, ce sont les jardins royaux en Prusse, le bois de Boulogne en France, c'est-à-dire ce qu'il y a de plus beau, *de mieux soigné*, qui est le plus ravagé et dont il faut si souvent renouveler les gazons! Pourquoi cela? C'est que par un préjugé qui aura bientôt fait son temps, j'espère, on se persuade que ces magnifiques jardins ou parcs seraient déshonorés s'ils laissaient voir à leur surface quelques monticules de terre soulevés par nos industrieuses et bienfaisantes taupes. »

Je vois aujourd'hui, dans le journal *la Patrie* du 12 octobre 1866, — que l'article du *Moniteur* de 1862, — que j'ai cité plus haut, a été écrit par M. le maréchal Vaillant, qui n'est pas seulement un éminent et savant stratégiste mais qui se fait honneur d'être un de nos plus experts jardiniers.

C'est une bonne fortune pour moi, mes

jeunes amis, de vous lire un passage de la lettre que l'éminent maréchal a écrite à Mgr Donnet ; le voici :

« Avez-vous réfléchi quelquefois aux raisons qui ont fait donner du velours noir aux officiers et aux soldats du génie? Je pense que c'est parce que la taupe qui chemine comme eux par-dessous terre, en zigzag, est aussi habillée de velours noir ; je crois aussi que c'est pour cela que moi, officier du génie, j'ai tant d'affection pour ces chères petites bêtes.

« Veuillez recevoir, etc.

« Maréchal VAILLANT. »

Mais, Dieu merci, les taupes ont d'éloquents avocats ; il suffit de nommer des noms comme ceux de Mgr Donnet, de M. le maréchal Vaillant, de M. le général Morin et de M. Thouvenel pour être assuré que la cause de cette bête utile sera bientôt gagnée et que ni vous ni vos parents, vous ne ferez plus une guerre injuste à ce précieux gardien des champs.

Le *hérisson* rend des services semblables à ceux de la taupe; lui aussi se nourrit de *souris*, de vers, d'insectes, de limaces et de limaçons. Il dévore, en outre, des insectes venimeux et détruit les *vipères*, unique genre de reptiles venimeux chez nous.

On connaît deux sortes de *belettes, la petite* ou commune et l'*hermine*.

Elle fait la chasse aux vipères, aux souris et même aux rats. La belette est longue et fine et peut, par conséquent, s'introduire jusque dans les retraites étroites des petits rongeurs et en détruire les nichées entières, ce que ne peuvent faire les oiseaux de proie. Les belettes ont cela de particulier qu'elles tuent pour tuer et sucer le sang; aussi font-elles un grand carnage, sans manger la chair des rats et des souris qu'elles détruisent. Elle devient redoutable lorsqu'elle entre dans les poulaillers et les colombiers.

Le *putois* est de la famille des belettes et rend des services du même genre que ceux de ces dernières. Il poursuit surtout les *rats d'eau* et les *surmulots*, et, dans les champs, il détruit les *hamster* et les *soustics*, sorte de petits rongeurs qu'on voit dans les provinces du Nord.

Ses griffes allongées et presque droites lui permettent de poursuivre les petits ron-geurs jusque dans leurs demeures souter-raines; cette structure particulière de leurs griffes les rend impropres à grimper et les retient par conséquent à la terre. C'est là un avantage à noter, car ils ne peuvent grimper pour dénicher des oiseaux ou des œufs.

Les *martres* sont très-habiles à grimper, aussi font-elles une terrible consommation de jeunes oiseaux et d'œufs; elles en usent de même avec le jeune gibier et dans les pigeonniers et les poulaillers. Il est donc utile, à tous les points de vue, de détruire les martres.

Les *abeilles* et les *bourdons* sont extrêmement utiles pour aider à la fécondation des fleurs, et voici comment : Les fleurs ne peuvent produire des fruits si la poussière jaune, qu'on nomme le *pollen*, ne touche pas le pistil, que vous voyez au milieu de la fleur ; vous comprenez maintenant que les abeilles et les bourdons, en se fourrant au cœur des fleurs, occasionnent le rapprochement des étamines (ces petites poches qui contiennent le pollen) et du pistil qui doit lui servir de conducteur pour produire les graines et les fruits. Ces deux espèces d'insectes sont donc utiles, dans les jardins surtout.

VII

Vous n'oublierez pas, je l'espère, mes jeunes amis, les services immenses que rendent à l'agriculture les nombreux animaux qui ont été l'objet de nos entretiens précédents ; je veux maintenant insister, pour qu'en grandissant vous ayez soin de seconder les efforts de tous ces petits ouvriers des champs et des jardins.

L'ÉCHENILLAGE doit surtout être pratiqué chaque année avec soin. Vous avez tous remarqué, lorsque les arbres sont dépouillés de leurs feuilles, des espèces de touffes de coton blanchâtre qui enveloppent les branches des arbres fruitiers, ce sont autant de nids de chenilles ; ces dernières sortiront au printemps pour dévorer les jeunes feuilles. On ne saurait donc trop rechercher ces réservoirs à chenilles, les couper de l'arbre, puis les brûler avec soin.

Les ravages des chenilles ont été tels que le législateur a fait une loi, le 15 mars 1796, pour prescrire leur destruction, au moyen de l'échenillage. Cette loi n'est malheureusement pas toujours appliquée d'une manière assez sévère.

La coupe des bourses à chenilles ou de la petite branche qui les porte doit se faire en février ou mars, par un temps froid, parce qu'alors les chenilles écloses ne sortent pas de leurs nids ouatés. Après une forte pluie, les chenilles rentrent également dans leurs demeures.

Mais l'échenillage n'est qu'un palliatif qui n'atteint que peu d'espèces et, nous le répétons, *l'oiseau seul* peut nous délivrer de tous les ennemis de nos fruits et de nos récoltes.

Après les chenilles, les *hannetons* sont les plus cruels ennemis des feuilles et des racines ; on doit donc leur faire une guerre incessante, et tout bon jardinier ne manquera pas, au mois de mai, c'est-à-dire au moment où ils sont le plus abondants, de faire l'inspection de ses jardins et de remuer fortement les arbres où il sait que les hannetons sommeillent pendant le jour. Une fois ramassés on peut les jeter à la basse-cour, si elle est assez peuplée, pour que les poules les dévorent, sinon on les laisse séjourner dans un baquet d'eau que l'on peut sans inconvénient jeter ensuite sur les terres. De cette manière le hanneton, au lieu d'être nuisible, servira d'engrais. Il ne faudrait pas, comme cela a eu lieu bien des fois, se contenter d'enterrer en masse ces hannetons vivants ; on n'en tuerait ainsi qu'une petite quantité, car les femelles savent se frayer des chemins dans la terre pour y déposer leurs œufs. On risquerait donc, en procédant comme il vient d'être dit, de concentrer un nombre considérable d'œufs dans un petit espace, et de voir ainsi la plupart des arbres environnants dépérir par suite des dégâts que cette multitude de larves causerait aux jeunes pousses et aux racines.

Dans les champs et surtout dans les champs de luzerne, le laboureur s'aperçoit souvent que sa terre est envahie par les vers blancs du hanneton ; un moyen assez efficace pour purger ces champs de ces parasites consiste à y diriger les poules et les autres volatiles, lorsque la terre vient d'être remuée ; ces volatiles, si on a eu soin de les priver de leur repas, ne manqueront pas de rechercher les vers blancs et d'en faire une grande consommation.

Le hanneton a souvent été une vraie calamité pour l'agriculture ; on a été obligé de laisser des champs entiers en jachère afin de ne pas livrer les semailles à la voracité des larves de hannetons ; en 1835, le Conseil général de la Sarthe fut dans la nécessité de consacrer une somme de 20,000 fr. pour récompenser les destructeurs de hannetons. Près de 60,000 décalitres de ces bêtes furent échangés contre autant de primes de 30 centimes. Or, comme un décalitre en contient plus de 5,000, il fut anéanti en cette occasion la masse énorme de 300 millions de hannetons.

Pour être efficace, on doit commencer cette chasse dès que les premiers de ces insectes apparaissent et la continuer sans relâche jusqu'à la fin de mai, afin de les détruire avant qu'ils ne pondent.

On pourrait utilement employer les enfants pour prendre des quantités de hannetons en leur donnant une bien légère récompense.

L'expérience a démontré que l'on peut

préserver la récolte des choux, des navets et autres plantes légumineuses de l'attaque des insectes, en mêlant, à la semence, de la fleur de soufre, quelques jours avant d'être semée.

CONSERVATION DU BLÉ ET DE L'ORGE.

Parmi les ennemis les plus redoutables des céréales il faut placer en première ligne le petit papillon gris que les savants appellent *alucita;* cet insecte dépose 120 à 150 œufs dans autant de grains de blé ou d'orge; comme la ponte de ce papillon a lieu au moment où les céréales sont déjà mûres et prêtes à être engrangées, on risque de voir sa moisson considérablement attaquée si on la laisse en gerbes, car l'œuf déposé deviendra un petit ver, et ce dernier, après s'être nourri de grain, deviendra à son tour papillon.

On a donc tout avantage à moudre le plus tôt possible son blé et à le mettre dans une resserre en le comprimant, si c'est possible. Moins il y a d'espace, moins il y a de prise pour l'ennemi.

Les capitaines au long cours le savent bien, et c'est en faisant comprimer la farine destinée à leurs navires qu'ils la conservent le plus longtemps sans être attaquée par la vermine.

- Il existe encore un moyen efficace pour détruire les insectes du blé et de l'orge engrangé : il consiste à passer le grain au four, la chaleur détruira infailliblement les insectes et leurs œufs ; mais ce moyen n'est praticable que sur le blé destiné au moulin, car la chaleur nécessaire pour détruire les insectes ôte au grain la faculté de germer.

Le *charançon* fait aussi une grande consommation du blé engrangé. On a découvert que ce vilain insecte aime beaucoup la chaleur, et on a profité de cette particularité pour lui tendre un piége qui ne manque pas son effet. On réunit en un ou plusieurs tas le grain et on le recouvre le soir de peaux de moutons, la partie fourrée de la peau tournée du côté du grain. Le matin, de bonne heure, on relève ces peaux avec précaution et on les secoue dans la basse-cour; il en tombe une quantité de charançons que les poules savent très-bien attraper.

Comme le charançon aime aussi les refuges étroits, que le plancher des granges offre trop souvent, on doit avoir soin d'enduire ce plancher de chaux ou d'une légère couche de bitume; de cette manière l'opération précédente aurait beaucoup plus de chance d'être fructueuse.

LE POMMIER ET LE POIRIER.

Vous avez souvent ramassé des poires et

des pommes tombées de l'arbre avant terme, et presque toujours vous avez trouvé ces fruits habités par un ver blanc, qui a rongé une grande portion du fruit en le sillonnant d'un passage. Ce ver va bientôt sortir du fruit dont il a occasionné la chute, pour aller retrouver l'arbre qui produit sa nourriture et y établir son cocon de manière à sortir de l'écorce, où il va nicher, au printemps suivant, à l'état de papillon.

On ne devrait donc pas négliger de ramasser avec soin, chaque jour, tous les fruits qui tombent, ce serait autant de vers détruits.

Un bon jardinier ne craint pas de flamber l'écorce de ses arbres fruitiers avec ces réservoirs à esprit-de-vin qui servent dans les écuries à faire le poil aux chevaux : ce moyen détruit les larves des insectes et ne nuit pas à l'arbre.

On a également réussi à détruire ces larves

en aspergeant les arbres avec de l'eau dé-
trempée d'aloès.

On emploie aussi avec succès certaines
poudres contre les insectes : les meilleures
sont les poussières provenant des manufac-
tures de tabac, celles des fleurs et des
feuilles d'absinthe, de têtes de pyrèthres, des
différentes armoises, de camomille, de bois
de quassia. On fait usage, pour les répandre,
de ces soufflets qui servent au soufrage
de la vigne et que l'on vend maintenant
partout.

Les fumigations de tabac éloignent et tuent
les insectes.

LE FRAMBOISIER.

Un jardinier s'était aperçu que ses fram-
boisiers ne produisaient pas de fruits, et
cependant ils étaient de la plus belle venue,
portaient des fleurs excessivement nom-

breuses et belles : cela dura plusieurs années, lorsque, enfin, ce jardinier découvrit qu'au moment de la floraison un petit insecte, sorte de petit hanneton noir, s'abattait sur la fleur même et là se nourrissait avec avidité de cette poussière jaune qu'on nomme le pollen et qui sert à féconder la fleur et à lui faire produire son fruit.

Il prit soin dès lors de secouer chaque branche et de recueillir sur une feuille de papier ces petits insectes, et la récolte des framboises le récompensa amplement de ses soins.

LES ARBRES FRUITIERS.

Les fourmis et *les guêpes* sont également avides des fruits mûrs. Les fourmis sont obligées de grimper le long des arbres pour arriver aux fruits. On parvient facilement à leur barrer le passage en entourant l'arbre à sa base d'une couche de matière collante, soit de la poix, soit de la glu ; on atteindrait sans doute le même résultat en entourant l'arbre d'un lien en paille bien imbibée d'eau aloétisée ou fortement imprégnée de fumée de tabac.

Quant aux *guêpes*, il faut tâcher d'en découvrir les nids, et lorsqu'on a réussi, il faut attendre la nuit pour attaquer cet ennemi ; on procède avec succès en versant dans leur repaire de l'eau bouillante mélangée à quelques cuillerées d'huile à brûler.

Les guêpes, comme les abeilles, ont des cellules remplies de miel ; gardez-vous, mes enfants, de manger ce miel, car les guêpes, à défaut de plantes et de fruits, se nourrissent du sang d'animaux morts et abandonnés sur les chemins ; son miel peut, dès lors, être très-nuisible à la santé.

On a vu aussi des pâtres des Alpes mourir

après avoir mangé du miel des guêpes, qui avait été recueilli sur une fleur appelée *digitale*, qui pousse en abondance dans les montagnes et qui contient un poison excessivement actif.

On préserve avec succès les fruits contre les guêpes en suspendant aux branches de l'arbre qui les porte une ou deux bouteilles à moitié remplies d'une espèce de sirop composé de sucre et de miel. Les guêpes sont très-avides de ce mélange, et une fois entrées dans la bouteille, elles s'y noient Il faut avoir soin d'entretenir le sirop assez liquide et sans fermentation.

Le goudron minéral a été employé comme peinture et comme moyen de détruire les insectes.

En automne, un jardinier ayant employé, pour peindre les bois de sa serre, du goudron minéral, qui coûte fort bon marché, s'aperçoit au printemps suivant que les araignées et les insectes qui avaient établi domicile dans la serre n'existaient pas; il remarqua en même temps que des ceps de vignes malades depuis deux années et qu'il se proposait d'arracher, s'étaient si bien rétablis qu'ils lui donnèrent de magnifiques produits.

Encouragé par ce résultat, il peignit avec du goudron minéral les treillages et les échelons qui portaient des espaliers ou soutenaient des arbres attaqués par les insectes, et les résultats furent les mêmes : les limaçons et les chenilles disparurent.

A Hirschberg en Allemagne, un propriétaire de vergers, dont les arbres avaient souvent été dévorés par les chenilles, a réussi à les préserver en mêlant du bouleau à ses plantations.

Il assure, d'après l'expérience de plusieurs années, que les émanations du bouleau éloignent les chenilles et les papillons.

En Autriche, on éloigne les chenilles des cultures sarclées en semant dans toutes les directions des graines de chanvre. On assure que l'odeur pénétrante de ce végétal éloigne les chenilles et en délivre complétement le chou, une des plantes qui souffrent le plus des ravages de ces insectes.

MM. Baumann de Bollviler détruisent les chenilles qui dévorent les feuilles des arbres fruitiers en les bassinant avec une eau chargée de suie; ils mêlent 8 kilog. de suie à 4 seaux d'eau, l'agitent fortement pour opérer une dissolution des principes solubles, y ajoutent 8 seaux d'eau, mêlent de nouveau et se servent pour bassiner leurs arbres d'une pompe à main.

On détruit les chenilles des groseilliers à maquereaux en arrosant la plante avec de l'eau dans laquelle on a fait bouillir des feuilles de digitale.

Un horticulteur américain voyant un espa-

lier de pêchers envahis par les fourmis au
point d'être menacé d'une destruction complète, essaya le guano pour se débarrasser de
ces dangereux insectes. Il en répandit au
pied de chaque pêcher une couche assez
épaisse pour que l'action en fût sensible.
Dès que les émanations de cet engrais eu-
rent saturé l'atmosphère, les fourmis paru-
rent plongées dans une torpeur qui indiquait
l'action produite sur elles par le guano ;
deux jours après, elles avaient entièrement
disparu.

LA VIGNE.

Si vous remarquez un cep de vigne dont
les feuilles sont jaunes avant le temps, dont
les sarments paraissent faibles et maladifs,
vous pouvez être certains que les racines de
ce cep sont envahies par des petits vers
blancs ; on peut parvenir à débarrasser la

vigne de ces parasites en fouillant la terre à son pied et en chassant ensuite des poules dans le vignoble; les volatiles mangeront avec avidité ces petits vers.

Vers la fin de l'hiver, on peut facilement tuer les larves d'insectes qui s'attachent aux ceps, en les lavant une fois avec de l'eau bouillante; ce procédé ne nuit pas à la vigne.

TABLE DES MATIÈRES

Paris. — Imp. de L. Guérin, 26, rue du Petit-Carreau.